ÉDITION 1889

INSTRUCTIONS POUR L'EMPLOI

DU

COUSO-BRODEUR

UNIVERSEL

MACHINE A

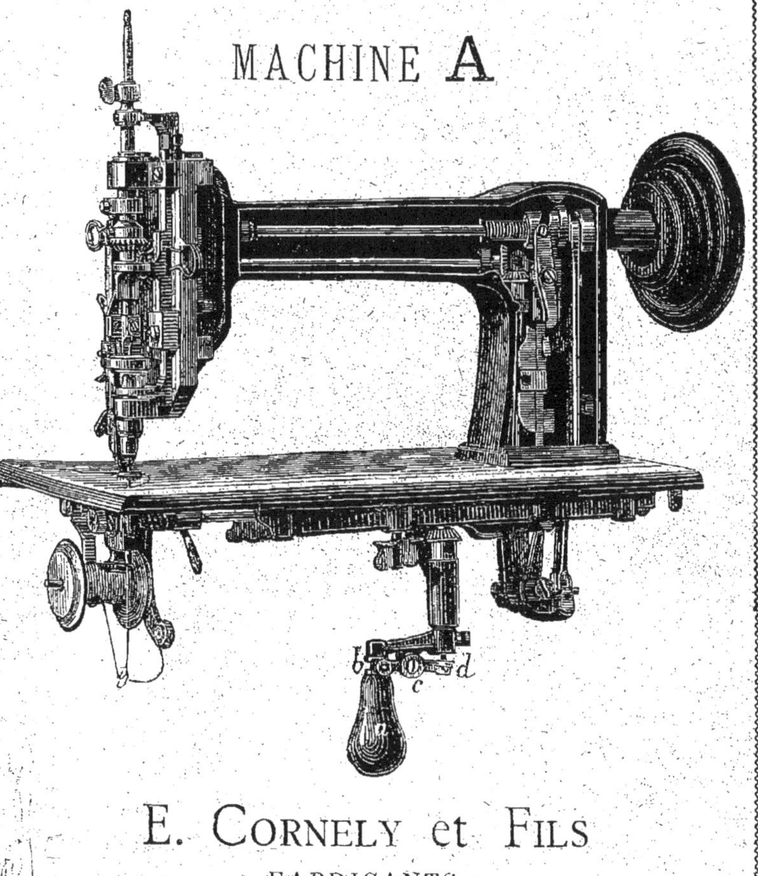

E. Cornely et Fils

FABRICANTS

PARIS

INSTRUCTIONS POUR L'EMPLOI

DU

COUSO-BRODEUR UNIVERSEL

AVANT-PROPOS

Les procédés ordinaires de la *Broderie* et de la *Couture mécaniques* consistent à faire passer un tissu successivement et suivant tous les points d'une broderie ou d'une couture, sous une aiguille travaillant toujours à la même place.

Outre le genre de broderie ou de couture, c'est-à-dire le système d'entrelacement du fil produit par le jeu de l'aiguille, ce qui peut encore faire la différence d'une machine à l'autre, c'est le mode d'entraînement de l'étoffe. De la facilité avec laquelle celle-ci est amenée sous l'aiguille selon toutes les exigences d'un dessin ou d'une couture à suivre, dépend le bon rendement d'une Machine, c'est-à-dire l'utilité qu'il y a de préférer le travail mécanique au travail à la main.

En effet, pour pouvoir suivre les lignes, même les moins tourmentées, les machines connues jusqu'à ce jour laissaient encore beaucoup à faire à l'habileté de l'opérateur, sans pouvoir néanmoins répondre de la netteté du travail.

Avec le Couso-Brodeur universel, au contraire, on est certain d'une reproduction fidèle des combinaisons les plus délicates d'un dessin de broderie ; et cela avec la plus grande facilité, sans que l'opérateur ait besoin de tourner l'étoffe, ni même d'y toucher.

Avant tout exercice, l'opérateur, ayant pris un morceau de tissu quelconque **tt** (voir le dessin, fig. 2) et l'ayant placé sous le pied de biche, ou entraîneur d'étoffe **p**, préalablement soulevé à l'aide d'un levier **l**, fera descendre le pied de biche sur le tissu par l'abaissement du même levier. Cette précaution est très utile en vue de ménager la plaque à trous **q** et les pièces qui portent dessus.

NOUVEAUX PERFECTIONNEMENTS

Mouvement à double pédale.

Assis devant la machine, les pieds posés sur la double pédale, l'opérateur donne, à l'aide de la main, une première impulsion à l'un des volants **A** ou **B** dans le sens de la flèche. On s'exercera à faire marcher la double pédale en ayant soin de ne jamais faire tourner les volants dans un sens opposé à celui qui vient d'être indiqué.

L'action des pieds ne détermine aucun jeu des pièces de la machine jusqu'à ce que l'opérateur, tenant dans sa main droite la poignée **E** de la manivelle *fig.* 2, qui est en dessous de la table, y exerce une très légère pression de haut en bas, qui opère l'embrayage des dites pièces et détermine leur entraînement dans un mouvement général.

Pour suspendre ce mouvement, il suffit de lâcher un peu la poignée **E**, de sorte que le ressort de débrayage puisse la faire monter. Puis, en appuyant de nouveau sur la poignée, on remettra tout en jeu. On peut donc, grâce à cette toute nouvelle fonction de la main droite, produire ou suspendre à volonté le jeu de la machine, ce qui donne, dans certains cas, la facilité de ne faire faire à l'aiguille que le nombre de points qu'on veut, voire même un seul, s'il est nécessaire.

Ce nouveau mécanisme, qui permet à l'opérateur d'employer les deux pieds pour faire marcher la machine, au lieu de se servir d'un seul pied, ainsi qu'il est expliqué pages 4 et 5, a été reconnu nécessaire pour rendre le travail de la machine moins fatigant qu'il n'a été jusqu'ici. Grâce à son emploi, un travail continu de 10 à 12 heures par jour peut être supporté sans fatigue, tandis que le travail à un seul pied, exécuté au moyen de l'ancien débrayage décrit ci-après, est très fatigant et ne saurait être pratiqué à une fort grande vitesse.

Ce nouveau mécanisme permet encore d'employer un volant plus grand qu'on ne pouvait le faire avec l'ancien, d'où résultent une plus grande vitesse et conséquemment une production plus considérable.

Mouvement à simple pédale.

ANCIEN SYSTÈME.

Assis devant la machine, les pieds posés sur leur pédale respective, après avoir donné avec la main une première impulsion à l'un des volants **A** ou **B**, dans le sens des flèches, l'opérateur s'appliquera à faire marcher le pied droit seul et d'un mouvement uniforme au moyen de la pédale **C**, en ayant soin de ne jamais faire tourner les dits volants dans le sens opposé à celui qui vient d'être indiqué.

L'action isolée du pied droit ne détermine aucun jeu des pièces de la machine, jusqu'à ce que le pied gauche, resté jusqu'alors immobile sur la pédale **D**, venant à imprimer tout à coup à celle-ci un mouvement de bascule par l'abaissement du talon **a**, opère l'embrayage desdites pièces, et détermine leur entraînement dans un mouvement général.

Pour suspendre ce mouvement (le pied droit marchant toujours), il suffit d'abaisser la pointe du pied gauche ; puis en appuyant au contraire de nouveau du talon du même pied et se maintenant dans cette position, on remettra tout en jeu. On peut donc, par cette fonction du pied gauche sur la pédale **D**, produire ou suspendre à volonté le jeu de la machine : ce qui donne la facilité, dans de certains cas, de ne faire faire à l'aiguille que le nombre de points qu'on veut, voir même un seul, s'il est nécessaire.

Ce débrayage au pied est de l'ancien système et est plus fatigant pour l'ouvrier que le système à double pédale décrit pages 3 et 4, l'ouvrier étant obligé de faire marcher sa machine avec un seul pied.

Il trouve encore son application dans les grands ateliers ou les machines sont mues par une force motrice.

Mode d'entraînement de l'étoffe.

Laissons pour un instant la machine au repos.

Saisissons de la main droite la manivelle **E** placée sous la table, et imprimons-lui un mouvement de rotation, soit à droite, soit à gauche.

On pourra observer premièrement que le même mouvement se reproduit dans le même sens, au petit levier **rr**, Fig. 2, oscillant en **d** sur la pièce **u**, ainsi qu'aux pièces **m**, **n** dans lesquelles ses extrémités sont engagées.

Disons de suite que c'est la combinaison ingénieuse de ces trois pièces qui permet à ce système de machine d'entraîner le tissu avec facilité et rapidité dans toutes les directions, suivant les caprices du dessin le plus compliqué.

En effet, le jeu du petit levier **rr'**, dû à l'abaissement et à l'élévation de la pièce **m**, détermine à son tour celui de l'entraîneur d'étoffe **p** par l'intermédiaire de la pièce **n**. C'est ce dont il est facile de se convaincre en arrêtant la rotation de la manivelle et en mettant la machine en mouvement. On verra le tissu marcher en ligne droite, et ce, en partant du côté du levier **rr'** pour aller au côté opposé, en passant sous l'aiguille.

Faisons faire à la manivelle une demi-révolution, les trois pièces susdites feront également un demi-tour ; le tissu sera encore entraîné en ligne droite, mais dans une nouvelle direction, en sens contraire de la première. Le principe en est toujours le même, c'est-à-dire en allant du petit levier **rr'** au point opposé, en passant sous l'aiguille. Et en donnant à ce levier, par la manivelle, toutes les positions imaginables, constamment on retrouvera l'application de ce principe : de telle façon que nous nous voyons dès maintenant maîtres de la direction à donner à notre tissu pour suivre les contours d'un dessin quelconque. Il suffit de diriger convenablement la manivelle.

Supposons, par exemple, que nous ayons à reproduire le dessin ci-dessous.

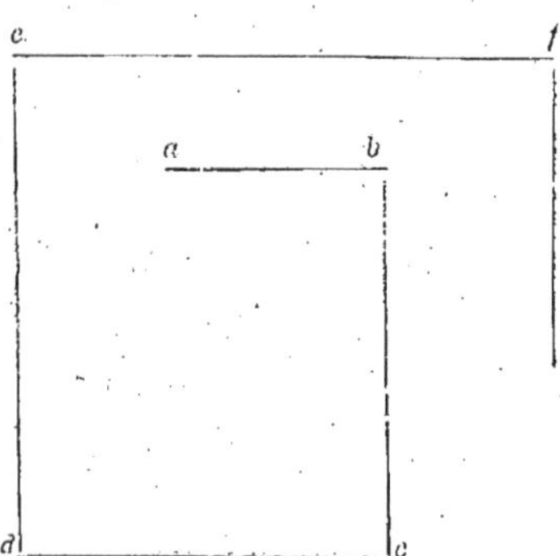

Si nous voulons commencer par la ligne **a b**, nous tournerons la manivelle de manière que du centre au bouton elle soit dirigée dans le sens de **a** à **b**, c'est-à-dire à droite. (On remarquera que le levier **rr'** sera dès lors également tourné à droite.) Puis nous placerons le tissu de façon à ce que le point **a** soit bien sous l'onglette **k** ; nous ferons descendre l'entraîneur d'étoffe **p**, et nous mettrons la machine en mouvement en abaissant le talon du pied gauche. Nous verrons à l'instant la piqûre se faire spontanément dans la direction **a b**, qui est celle de la manivelle.

Arrivé en **b** nous arrêterons le jeu de la machine en élevant la poignée **E** (les deux pieds marchant toujours), et pour suivre la ligne **bc** nous tournerons la manivelle vers nous. Le petit levier **rr'** se tournera également vers l'opérateur, et si le mécanisme est de nouveau mis en mouvement, l'aiguille piquera successivement tous les points de la ligne **bc** en partant de **b** pour arriver en **c**, c'est-à-dire en suivant la direction de la manivelle.

En résumé, tournons à chaque angle la manivelle dans la direction des lignes à suivre **cd, de, ef,** et nous verrons le dessin se reproduire suivant ces mêmes lignes.

Toute la question de l'apprentissage du travail de ce système de machine est là. C'est pourquoi nous avons donné quelque développement aux explications ci-dessus.

Aucune difficulté d'ailleurs d'appliquer aux dessins en ligne courbe le même principe de la direction de la manivelle : celle-ci doit alors marcher continuellement ; et il semble, quand on a acquis quelque degré d'habileté, qu'on suit le dessin avec la main droite en dessous de la table avec autant de facilité qu'on le suit des yeux en dessus.

L'intelligence de ce qui précède étant bien saisie, il nous reste à apprendre au lecteur comment on met la machine en état de service.

Dispositions préparatoires au travail du Couso-Brodeur.

POSE DE L'AIGUILLE.

1° On voit en **S**, sur le dessin de détail, l'extrémité supérieure du porte-aiguille. En desserrant la vis **v**, on pourra tirer celui-ci dehors par le haut. On remarquera qu'il est percé suivant son axe d'un trou au fond duquel on introduit l'aiguille dans n'importe quelle position ; l'aiguille étant taraudée, on la visse dans le porte-aiguille au moyen des pinces plates qu'on trouve dans le tiroir de la machine, en prenant la précaution de visser l'aiguille bien au fond du trou taraudé du porte-aiguille, de manière qu'elle ne puisse pas se dévisser en travaillant à la machine.

L'aiguille devra préalablement être choisie bien assortie au fil. C'est ce qui a lieu si celui-ci remplit exactement le crochet, **et peut néanmoins glisser sur lui sans s'érailler.**

2° Faites choix d'une onglette **k** du même numéro que l'aiguille, c'est-à-dire dans laquelle celle-ci puisse entrer très exactement et sans jeu dans le petit canon de l'extrémité.

Vissez cette onglette au bas du tube **g** en le soulevant un peu s'il est nécessaire, et en vous servant de l'extrémité ouverte de la petite clef anglaise qu'on trouve avec la machine, **et serrez-le bien jusqu'au fond.**

Remettez en place le porte-aiguille et le maintenez suspendu jusqu'à ce que la hauteur du crochet permette au tissu de passer sous l'extrémité de l'aiguille sortant de l'onglette, sans s'érailler. Puis serrez la vis à violon **v.**

Pour donner au crochet la direction convenable, il faut placer le porte-aiguille pour que **la partie ouverte** du crochet soit **parallèle avec la vis v** tel qu'il est indiqué sur le dessin fig. 2, et dans cette position on serre la vis **v**, sur le porte-aiguille **s**.

Ajustage de la plaque.

La plaque à trous **q** est maintenue en dessous de la table par une vis **h**. En desserrant celle-ci quelque peu, on rendra à la plaque à trous **q** sa liberté ; on pourra dès lors la faire tourner avec la pointe du couteau décrocheur livré parmi les accessoires.

On fera choix d'un trou tel qu'il y ait entre l'aiguille et les bords du trou assez de place pour que le fil puisse tourner à l'aise autour du fût ou partie cylindrique pleine de l'aiguille. On amènera ensuite ce trou sous l'aiguille de façon à ce que celle-ci, en tournant au moyen de la manivelle, tombe toujours avec la plus grande précision au centre du trou choisi. Fixez alors la plaque tournante **q** à l'aide de la vis **h**.

Il y a douze trous dans la plaque **q** qui correspondent aux six grosseurs d'aiguilles fournies avec la machine, deux trous pour chaque grosseur d'aiguille.

Enfilage de la machine.

En dessous de la table et après avoir soulevé la palette de cuivre **F** qui donne la pression, enfilez la bobine **G** de fil sur sa broche **w** en ayant soin que l'extrémité flottante du fil vienne de derrière, comme il est désigné sur le dessin ; puis laissez retomber la palette de pression **F**. Celle-ci se règle au moyen d'un levier **H** placé en dessous du mécanisme et tendant ou relâchant un petit ressort à boudin 2, dont une extrémité appuie sur la palette de cuivre **F**.

Montez ensuite le fil sur la machine de la manière suivante : Dans le trou fendu placé en avant de la plaque à trous **q**, plongez la tige crochette de la passette **I** fournie avec les accessoires. De la main gauche, saisissez le bout pendant du fil de la bobine, posez-le en travers du crochet saillant de la passette **I**, et remontez celle-ci, garnie de son fil, au-dessus de la plaque **q**. En dessous de la machine, faites traverser au fil venant de la bobine, l'œil d'un petit tendeur **K** en fil d'archal et en saillie sur son support.

Prenant ensuite de la main gauche le fil de dessus la table et le tendant légèrement en avant, mettez la machine en jeu à l'aide des deux pieds, mais seulement de manière à ce que l'aiguille ne plonge qu'une fois à travers son trou, puis suspendez tout mouvement. L'aiguille aura remonté une boucle de fil. Débouclez-la à l'aide du couteau décrocheur, dégagez-la du crochet de l'aiguille et laissez libre l'extrémité du fil.

La machine est prête à fonctionner.

Jeu du Couso-Brodeur.

MANIÈRE DE RÉGLER CE JEU D'APRÈS LES DIVERSES NATURES DE TRAVAUX.

Après avoir soulevé le pied de biche **p** à l'aide du levier **l**, étendez à plat sur la table un échantillon de l'étoffe ou des étoffes sur lesquelles vous devez travailler, à un ou plusieurs doubles, selon que vous voudrez faire une couture, une application ou une simple broderie. Faites-les ensuite glisser sous l'aiguille, sans vous inquiéter de ce que devient le fil dégagé de celle-ci comme il a été dit.

Ayez soin seulement que la pointe de l'aiguille soit bien exactement au-dessus du point par lequel vous voulez commencer la broderie ou la couture, et que la direction de son crochet dans la partie ouverte, soit bien celle de la ligne à suivre (vous vous rappellerez que vous êtes maître de lui donner cette position à l'aide de la manivelle **F** placée sous la table). Abaissez alors le pied de biche **p**, saisissez la manivelle **E** de la main droite et mettez la machine en jeu par l'action simultanée des deux pieds.

Une bonne habitude à prendre, c'est de maintenir continuellement le mouvement des pieds de façon que la machine soit toujours prête à agir à l'instant précis voulu, soit pour ne faire qu'un ou un très petit nombre de points, soit pour changer de direction.

Pour régler votre machine, voici les principes que vous devez suivre :

Régler la longueur du point.

Pour allonger ou raccourcir le point, faites, à l'aide du tournevis, fourni avec les accessoires, sortir ou rentrer la vis **y** (fig. 2), à la portée de la main de l'opérateur. A chaque tour donné à la vis **y**, soit en montant ou en descendant, il est utile de faire quelques points pour s'assurer de leur longueur. Il est bon, d'ailleurs, de ne procéder que par graduation.

Régler la tension du fil.

En desserrant la vis **v** et en faisant glisser le porte-aiguille **S** dans son tube, on donnera à l'aiguille plus ou moins de hauteur au-dessus de l'étoffe.

De cette hauteur dépend le plus ou moins de longueur de la boucle de fil attirée par l'aiguille et déposée par elle sur le tissu, c'est-à-dire la maigreur ou l'ampleur de la chaînette produite. On en variera les effets avec la plus grande facilité, selon la nature du travail à produire et en changeant à la fois la longueur du point et la hauteur de l'aiguille, on trouvera moyen de modifier ces effets à l'infini, depuis la couture la plus imperceptible jusqu'aux dessins de soutache les plus exagérés.

Si le fil est trop lâche en venant de la bobine **G** on fait presser la palette **F** plus fort sur la bobine **G** en poussant le levier **H** dans le sens de la flèche; et, au contraire, si la tension est trop forte, on pousse le levier dans le sens inverse.

Le choix de la grosseur du fil, proportionné aux effets à produire, sera un utile complément de ce qui précède. On se rappellera seulement qu'il faut en même temps changer avec le fil, le numéro de l'aiguille et celui de l'onglette, ainsi que le trou de la plaque **q**. On pourrait cependant se dispenser de ces changements qui prennent du temps, si les différences entre les grosseurs de fils étaient peu considérables.

Quand vous faites un très grand point, élevez (la machine étant en repos) l'extrémité supérieure **r** du petit levier **rr'** aussi haut que possible sur son plan incliné **m**. Pour cela, desserrez la vis **i** opposée à son centre d'oscillation **d**, faites monter la pièce **u** et resserrez la vis **i**.

Quand, au contraire, vous faites un point très petit, descendez la même pièce **u**, de façon que le levier **rr'** porte au plus bas de son plan incliné **m**.

Enfin, dans toutes les longueurs de points intermédiaires, faites que le levier **rr'** occupe, sur son plan incliné **m**, une position également intermédiaire entre les deux extrêmes.

Donnez plus ou moins de tension au ressort **x** du pied de biche, selon que celui-ci entraîne avec plus ou moins de facilité ou de régularité le tissu sur lequel il porte. Le pied de biche est seul chargé de l'entraînement de l'étoffe, la main ne doit nullement l'y aider.

Si l'étoffe fronce, c'est que la tension de la bobine de fil est trop forte, ou que le crochet-aiguille est trop bas.

Si le point manque, c'est au contraire que cette tension est trop faible, ou que le fil serait sorti de l'œil du petit tendeur **K** placé en dessous du mécanisme.

Étant parvenu, en se conformant aux préceptes ci-dessus, à régler convenablement sa machine, pour passer de l'échantillon sur lequel il a fait ses essais à l'étoffe sur laquelle il se propose de travailler, l'opérateur, ayant levé le pied de biche, sortira la dernière maille du crochet de l'aiguille avec la pointe du décrocheur; puis, après avoir tiré à soi une petite longueur de fil, il coupera cette maille avec la lame dudit. Tirant alors à soi l'échantillon, sans s'inquiéter d'autre chose, il trouvera sa machine définitivement prête à commencer le travail et à l'exécuter convenablement.

Lignes droites.

Pour suivre les lignes droites, on supprime l'entraînement universel de la machine, en dévissant la vis **N** pour libérer la coulisse glissante **O**, ensuite on tourne la manivelle **E** très lentement en poussant en même temps la coulisse **O** contre le porte-aiguille de la machine, de sorte que, dans une certaine position, la goupille de la coulisse **O** entre dans un trou du porte-aiguille. Ceci fait, on serre la vis **N** et l'entraînement universel de la machine est supprimé. La machine, dès lors, n'agit que comme une machine ordinaire, et on guide l'étoffe à la main pour suivre les lignes droites; mais il faut avoir la précaution de ne pas tourner la manivelle **E**, parce qu'on risquerait de casser la machine.

La pièce **O** n'est fournie avec la machine que sur commande spéciale, parce qu'elle sert seulement pour faire des lignes droites.

Pour broder avec la grosse laine.

Pour broder avec la grosse laine, on emploie une onglette N° 8 avec une aiguille N° 7, et un ressort d'onglette **z**, Fig. 2, plus fort que pour les travaux ordinaires et qui se trouve parmi les accessoires de la machine. Ce ressort fort ne devant pas être employé pour les fournitures ordinaires, afin de ne pas fatiguer inutilement la machine.

Nettoyage du tube central.

En travaillant sur le drap il se forme dans l'onglette et dans son tube une accumulation de fibres qui empêche le travail. Pour chasser cette matière il faut retirer le porte-aiguille **s**, et dévisser l'onglette **k**, puis introduire dans le tube central le ramoneur en cuivre qui se trouve parmi les accessoires et nettoyer le tube d'onglette en poussant le ramoneur du haut en bas jusqu'à ce que ce tube soit dégagé de toute matière.

Point mousse.

Ce point qui produit une broderie en relief peut se faire en soie ou en laine ; il consiste en une accumulation de points manqués que l'aiguille laisse tomber de sa plus grande élévation. Pour obtenir ce résultat, il faut ajuster la position de l'aiguille de façon à ce que son crochet ne soit pas dans le sens de la vis **v** décrit à la page 9, mais avec une déviation de 120° ou le tiers d'un tour à droite de la vis **v**. Plus l'aiguille est haute, plus les mailles qu'elle laisse tomber sont longues, et en tournant la manivelle **E** très rapidement pendant le travail pour faire de très petits tours, les mailles sont mises l'une contre l'autre et forment ainsi une broderie en relief dont l'effet peut être varié indéfiniment par l'application de la soie ou de la laine ombrée.

Entretien du Couso-Brodeur.

Le bon fonctionnement de la machine dépend de son état d'entretien. Ce dernier exige un graissage journalier et un nettoyage à fond une ou deux fois par semaine, selon le service exigé de la machine. Quand celle-ci a marché toute une journée, il faut l'essuyer le soir avec un chiffon légèrement gras, et le lendemain matin la graisser avec de bonne huile (huile de blanc de baleine).

En graissant, il convient de faire marcher la machine à vide, afin de mieux répandre l'huile. On pourra en même temps mieux observer quelles sont les parties qui frottent l'une sur l'autre : ce sont celles sur lesquelles on doit verser l'huile. On se sert, à cet effet, d'une burette fournie avec les accessoires, et dont on presse le fond pour en faire sortir l'huile.

Nous recommandons de graisser particulièrement :

1° Les pièces **m**, **n**, **u**, du mouvement du petit levier **rr'**.
2° La vis de l'accrocheur placée en dessous de la table,